AF495997

DU

ROLE DE LA SCIENCE

DANS

LA GUERRE DE 1870-1871

Par M. J. CHAUTARD

Professeur

LEÇON D'OUVERTURE DU COURS DE PHYSIQUE

A LA FACULTÉ DES SCIENCES DE NANCY

Le Mardi 27 Avril 1871

Fide, labore tuto.

NANCY

SORDOILLET ET FILS

IMPRIMEUR DE LA FACULTÉ DES SCIENCES

Rue du Faubourg-Stanislas, 3

1871

COURS DE PHYSIQUE DE LA FACULTÉ DES SCIENCES DE NANCY

DU

ROLE DE LA SCIENCE

DANS LA GUERRE DE 1870-1871

MESSIEURS,

Dans les circonstances ordinaires, au moment de la reprise de nos cours, il n'est pas besoin, pour entrer en matière, de faire un long préambule sur le but des études que nous avons à poursuivre en commun, sur leur utilité et sur le parti que chacun peut en tirer dans les diverses positions de la vie. Après un simple exposé de programme, nous abordons de plain pied notre sujet et, l'expérience en main, nous suivons, pas à pas, la route que nous nous sommes tracée dans l'enseignement dont je suis spécialement chargé.

Mais nous ne sommes pas dans les conditions normales de la rentrée de nos Facultés; si d'un côté nous avons en regard de nous, et pour longtemps encore, des étrangers qui observent, qui écoutent peut-être, et qui par là même exigent une réserve de langage que j'ai peine à garder, mais dont la raison et le patriotisme me font en ce moment un impérieux devoir, — nous sommes d'autre part en présence de désastres tellement inouïs dans l'histoire, désastres qui, après avoir semé partout tant de ruines et de deuils, ont abouti à une spoliation de provinces et à la confiscation d'une partie de nos frères ; — nous sommes en présence de désordres tellement criminels qui se commettent dans une ville considérée comme la patrie des arts et du progrès — qu'à la vue de pareils faits, il est de notre devoir à tous de nous recueillir, de nous humilier, et de nous demander quelle a été la cause de nos maux et quel peut en être aujourd'hui le remède ?

C'est sans doute une extrême présomption de ma part de vouloir toucher à une question si *complexe et si difficile,* car en même temps que la résoudre serait beaucoup au-dessus de mes forces, elle exigerait pour être traitée avec fruit un examen philosophique plus approfondi que celui auquel nous pouvons nous livrer en ce moment. Mais, Messieurs, tout en n'étant que physicien et tout en voulant rester tel avec vous, je ne puis m'empêcher de présenter ici cette considération générale et évidente, ce me semble, pour tous, c'est que nos calamités sont un châtiment, qu'elles doivent nous faire rentrer en nous-mêmes, et nous porter à nous régénérer, en cherchant à nous pénétrer d'abord de la nature des fautes dont nous nous sommes rendus coupables.

Ces fautes sont diverses, il y en a qui tiennent au sentiment moral, d'autres à l'ordre politique, un grand nombre enfin sont spécialement du domaine scientifique.

I. Sous le rapport moral, nos erreurs viennent de l'altération des doctrines philosophiques et de l'abandon du sentiment religieux, De là, oubli du devoir, d'abord envers l'Auteur de toutes choses, puis à l'égard de la société, de nos supérieurs, de nos égaux ou de nos inférieurs et de nous-mêmes ; oubli qui engendre l'égoïsme, fait taire le dévouement, éteint le patriotisme et conduit fatalement aux catastrophes dont la France, après tant d'autres peuples, et toujours d'après les mêmes lois, est aujourd'hui victime.

II. Nos fautes politiques ont bien un peu la même origine ; chacun cherchant à se complaire au milieu d'un bien-être matériel et de jouissances puisées dans les seuls appétits de la nature, — chacun a négligé ses droits, dédaigné même ses devoirs de citoyen.

Ah ! si tous, gouvernants et gouvernés, nous avions eu l'intelligence de nos véritables obligations sociales, alors le calme n'aurait pas été altéré, la chose publique florirait ; alors les armées auraient pu être licenciées, les budgets diminués ; alors de folles guerres n'auraient pas été entreprises ; alors enfin les forces vives de la nation profiteraient au bien-être de tous et au développement d'institutions véritablement françaises et humanitaires.

Je ne saurais en dire davantage, Messieurs, sans sortir de mon sujet, et sans outrepasser mes attributions ; mais j'étais bien aise de vous faire cette profession de foi que ma faible autorité rendrait peut-être vaine et puérile, si ces opinions n'avaient été et n'étaient encore, aujourd'hui, celles d'un grand nombre d'hommes distingués, et surtout celles des maîtres de la science, tels que les Biot, les Deville, les Pasteur, les Desains, et de tant d'autres dont je passe les noms.

III. Et la science ? ah ! la science a joué un grand et terrible rôle dans les défaites que nous venons de subir ! Les découvertes d'Ampère, les travaux de nos mécaniciens militaires ont été cruellement utilisés contre nous. Enfin l'organisation libérale des universités allemandes a été mise au service de toutes les passions dirigées contre notre malheureux pays. Aussi pouvons-nous dire, et avec raison, que la science a eu sa large part dans les victoires de nos ennemis. «La cause en est», ainsi que le disait dernièrement un illustre membre de l'Institut, M. Henri Sainte-Claire-Deville, « la cause en est dans le régime qui nous écrase depuis quatre-vingts ans, régime qui subordonne les hommes de la science aux hommes de la politique et de l'administration, régime qui fait traiter les affaires de la science, leur propagation, leur enseignement et leur application, par des corps ou par des bureaux où manque complétement la compétence, et par suite l'amour du véritable progrès. La cause en est dans cette bureaucratie impitoyable qui épuise par ses fantasques moyennes et rebute par ses interminables harcellements les enfants pleins de vie, qu'une éducation maternelle, forte mais douce, aurait préparés à un tout autre avenir. » Qu'en résulte-t-il ? que le vide et l'ignorance règnent en réalité dans ce siècle de plénitude imaginaire et de lumière empruntée ... La génération présente sort abâtardie, étiolée des épreuves, excellentes dans l'abstraction, mais nuisibles dans la pratique par la manière incomplète et inintelligente avec laquelle on satisfait aux programmes officiels.

Refuser de reconnaître que, dans la guerre actuelle, nous avons été victimes de l'ignorance, et d'une ignorance grossière, de la géographie, de l'histoire, de la physique, de l'art du mineur, etc., serait fermer les yeux à la lumière.

Qui d'entre nous ignore que l'état-major prussien connaissait mieux les défilés et tous les sentiers de nos montagnes, que les officiers des corps analogues dans l'armée française ?

Le colonel de je ne sais quel régiment, arrivant à Nancy au mois de juillet, et faisant camper ses hommes sur les rives de la Meurthe, ne s'imaginait-il pas se trouver dans le voisinage du Rhin ?

J'ai été moi-même témoin de la surprise d'un général appelé au commandement de la ville d'A****, qui s'imaginait qu'il s'agissait d'organiser la défense d'une ville forte.

Le général en chef qui commandait à la bataille de Champigny fut tout surpris d'apprendre qu'il traversait la Marne à Joinville-le-Pont ; il ne savait pas qu'elle fût si proche de Paris. Son étonnement fut bien plus grand encore quand il la passa encore une fois près de Champigny ? Il osa accuser ses guides de le faire battre en retraite. Il ignorait le célèbre coude formé par la capricieuse rivière et que traverse le tunnel du canal de la Marne.

Dans une des dernières batailles sous Paris, le 19 janvier, à la terrible journée de Montretout et de la Jonchère, un commandant d'état-major a fait traverser à une brigade entière un bois dont il ignorait le nom, sans savoir par où il y entrait, et par où il en sortirait. Voilà comment nous avons perdu cette affaire décisive, alors qu'à Versailles l'état-major général ennemi avait peine à cacher ses craintes et parlait déjà de battre en retraite.

Que sont donc devenues ces admirables cartes dressées autrefois par l'état-major français; cartes dont tout officier, tout soldat intelligent aurait dû porter une réduction dans sa giberne et dont les militaires allemands avaient bien eu soin de se munir avant leur entrée en campagne ?

S'il est un fait plus éclatant que le jour, c'est que les jeunes gens sortent du collége, passent leurs examens, entrent dans la vie et y occupent des positions importantes, sans savoir ni l'histoire, ni la géographie qui sont cependant les plus élémentaires des sciences.

Et, comme le fait remarquer M. Stoffel dans un de ses remarquables rapports, « la jeunesse française ne reçoit aucune notion sur ce qui regarde les institutions des peuples modernes, leur caractère, leurs tendances; on ne lui enseigne sérieusement aucune langue étrangère. Il en résulte que les générations se succèdent sans rien savoir des peuples voisins de la France, sinon qu'ils existent, qu'ils professent telle religion et que leurs principales villes sont telles et telles...... »

J'ai rappelé ces quelques exemples, afin que dans l'exposé des faits qui vont suivre, vous ne m'accusiez pas de plaider *pro domo meâ*.

IV. Passons aux faits du domaine des sciences physiques proprement dites.

En France, nous accordons une place beaucoup trop restreinte à la pratique des procédés scientifiques. L'art des mines et la télégraphie électrique vont nous permettre d'en donner une triste, mais péremptoire démonstration.

Lors de la retraite de l'armée de la Loire, armée au milieu de laquelle je me suis trouvé pendant plus de 4 mois, il s'agissait, pour retarder la marche de l'ennemi, de faire sauter cinq ponts de pierres jetés à Vendôme sur la petite rivière le Loir. L'inutilité de l'opération ressortait du peu de hauteur des eaux et de l'exiguité du lit de la rivière dont les rives, peu éloignées, pouvaient en quelques minutes être réunies solidement d'une manière artificielle. Cependant, l'opération décidée et préparée à la hâte depuis quelques jours fut malgré tout exécutée; sur ces cinqs ponts, trois étaient du ressort de l'administration des ponts et chaussées, un autre rentrait dans le domaine du génie militaire, le cinquième appartenait à la compagnie du chemin de fer d'Orléans. Ce dernier seul, qui était de la compétence du génie civil, c'est-à-dire des hommes de pratique, — et pour le dire en passant, celui dont la destruction était le moins indiquée, — s'effondra entièrement, les quatre autres résistèrent presque complétement, mais non sans causer aux maisons particulières, ou aux monuments situés dans le voisinage, des dégâts incalculables, irréparables même pour plusieurs, par suite de l'ébranlement et de la projection de masses énormes de pierres. Cette opération n'opposa qu'un retard d'une demi-heure à peine, et par là même dérisoire, à la marche de l'armée ennemie, cette dernière étant déjà en possession

2

de la ville lorsque la première explosion eut lieu. Ce fait, j'en parle *de visu,* car je portais sur mes épaules les blessés de la bataille qui accompagna l'entrée des Prussiens à Vendôme, au moment où des débris de pierres tombaient à mes côtés, et où je voyais à quelque pas de là un bataillon envahisseur déjà maître des rues de notre ville.

Et la télégraphie électrique ? — Tandis que la télégraphie militaire française, faute d'activité ou de savoir de notre part, n'a, constamment, pas ou mal fonctionné, la télégraphie prussienne a rempli sa mission avec une précision et une fidélité incomparables. Nos officiers et nos chefs surtout n'ont pas su se convaincre qu'une armée sans télégraphie électrique est un corps sans cœur, sans artères, sans veines, sans muscles et sans nerfs vivifiés par le sang ; qu'elle reste un corps mort et non un corps vivant, quelle que soit d'ailleurs la souplesse et la force de ses membres. En supposant qu'elle ne fût pas absolument nulle, il aurait mieux valu qu'elle n'existât pas ; car elle n'a eu pour effet que de causer une sécurité désastreuse : les faits sont là pour démontrer la vérité de cette assertion.

Lors de la bataille du 19 janvier, que je rappelais tout à l'heure, bataille livrée sous les murs de Paris, perdue par l'armée assiégée et gagnée par les assiégeants, l'action de la télégraphie électrique a été absolument nulle.

Voici le compte rendu que je trouve de cet épisode dans une publication scientifique, le journal *Les Mondes :*

« La droite et la gauche de notre armée se sont avancées avant que les éclaireurs eussent rompu le réseau télégraphique prussien, pour empêcher, ou du moins pour retarder de quelques heures la concentration sur le point attaqué de forces très-supérieures aux nôtres. Cette rupture des fils prussiens était une condition tellement indispensable de succès, que, puisqu'elle n'a pu être remplie, mieux valait peut-être renoncer à l'entreprise commencée, comme on se replie dans une reconnaissance d'avant-postes, lorsqu'on a acquis la certitude que les sentinelles avancées de l'ennemi ne seront pas surprises. Depuis le début de cette fatale guerre, la cause unique de toutes nos défaites a été la concentration, après quelques heures, d'une armée très-supérieure à la nôtre. Et, délire étrange, cette concentration, nous n'avons jamais rien fait pour la prévenir, nous nous sommes toujours résignés à la subir dans des conditions véritablement désastreuses.

« Non-seulement nous n'avons pas rompu, le 19, les fils prussiens, mais notre droite n'a pas été avertie à chaque instant par le télégraphe des obstacles apportés à la marche de la gauche; elle n'a pas eu à chaque pas la conscience de ce retard, ou si elle l'a eue, le général qui la commandait a fait une faute irréparable en prenant une avance de deux heures ou de huit kilomètres, avance énorme qui a tout compromis.

« Enfin, les bataillons qui ont occupé la position d'attaque à Montretout et à la Jonchère, au château de Buzenval, n'ont pas été ou ne sont pas restés en relation télégraphique, soit avec les généraux des divisions ou des brigades qui les avaient détachés, soit avec l'état-major général installé au Mont-Valérien. Voilà comment M. de Larainty, le brave commandant du beau bataillon de la Loire-Inférieure, dont le général Noël, malgré son bras de fer, avait peine à comprimer l'élan, a été laissé sans pain, sans munitions, sans secours et réduit à l'affreuse nécessité de se rendre. »

Disons aussi que la routine du service administratif a grandement contribué, en cela comme dans tant d'autres circonstances, à rendre impossible la télégraphie électrique de nos armées.

« Dans l'état actuel des choses, la télégraphie militaire devait ressortir à trois administrations distinctes : celle de la guerre, celle des travaux publics et enfin celle de l'intérieur ou des télégraphes. Nous manquions absolument des fils conducteurs nécessaires; un jeune et vigoureux ingénieur anglais, M. Stoffel, a offert à la fois, et de fabriquer les fils, et d'organiser le service télégraphique dans des conditions dont on n'a pas voulu ou su profiter.

« La fabrication était du ressort du ministre du commerce, M. Dorian ; M. Stoffel lui a demandé une ouverture de crédit de 6,000 francs à valoir sur la première livraison des fils. M. Dorian lui accorda sans hésiter la somme demandée. Il s'agissait de construire des machines nouvelles, et de les installer dans un atelier où la fabrication du fil pût marcher à pas de géant. Les 6,000 francs du crédit ministériel furent bientot épuisés ; une personne fit à M. Stoffel une avance de 12,000 francs et tout fut bientôt prêt pour la fabrication mécanique des conducteurs. Mais la matière ordinaire des conducteurs électriques, la gutta-percha, le caoutchouc, le composé Chatterton manquaient totalement à Paris ; il a fallu inventer, créer des matériaux nouveaux : M. Stoffel se mit à l'œuvre et réussit à produire, à des prix relativement très-bas (125 à 500 francs par kilomètre), des fils de divers modèles qui ne laissaient rien à désirer au point de vue des conditions essentielles de l'isolement, de la souplesse, de la résistance à la rupture et qui ont fait immédiatement leurs preuves dans la mise en jeu des torpilles employées à rompre les glaces de la Marne, pour mettre en liberté notre flotille canonnière.

« Excité par ce succès et par les encouragements d'un des maîtres de l'art, M. Bréguet, M. Stoffel engage pour toute la saison des ouvriers habiles, annonce au ministère des travaux publics qu'il est prêt à livrer et à rembourser en nature l'avance qui lui a été faite de 6,000 francs. Mais les commandes ne ressortissent pas à M. Dorian; elles doivent être faites par l'administration de la guerre qui ne répond pas ; la direction des télégraphes répugne de son côté à s'occuper de la question, si bien que M. Stoffel reste de longs mois au port d'armes, à côte des brillantes machines qu'il a construites, sans commande d'un seul kilomètre de fil, et dans l'impossibilité de se libérer des avances de fonds qui lui ont été faites, outré, désespéré de la douloureuse situation qu'il s'est faite par un excès de dévouement, mourant de douleur à la pensée que la télégraphie électrique militaire remise tout entière entre ses mains est complétement impossible, et que son absence, en compromettant le salut de l'armée française, assurera par là même le triomphe des Prussiens. »

Tels sont les faits pris au hasard et exposés dans leur entière réalité.

V. Toutefois, Messieurs, à côté de ce triste tableau, je dois, pour vous faire partager entièrement mes convictions et pour vous montrer le rôle de la science dans la dernière guerre, vous dire que si la science a été beaucoup contre nous, elle ne nous a pas toujours traités en marâtre, elle nous a prêté un concours et payé un tribut que nous serions ingrats de passer sous silence et de ne pas reconnaître.

Pendant le siége de Paris, les aérostats et la photographie ont été appelés à combler un vide énorme, à satisfaire un immense besoin des esprits et des cœurs, à rétablir les relations trop longtemps et trop cruellement interrompues, entre Paris et les départements, entre ce qui, par l'effet d'une centralisation exagérée, formait la tête et les membres de la France. Ils ont répondu à cet appel d'une façon vraiment merveilleuse, et ont donné la solution du problème avec une souplesse et une docilité qui tiennent de l'enchantement.

Il s'agissait d'expédier d'une ville de province, choisie pour le centre des communications interparisiennes et de faire entrer chaque jour dans Paris, à travers ou pardessus le cercle de fer et de feu qui enserrait cette ville, dix mille dépêches de 12 à 15 mots. Un grand nombre de moyens furent étudiés, un plus grand nombre encore furent proposés, les uns furent rejetés comme impraticables, les autres, essayés ou mis en œuvre, furent successivement déjoués par la vigilance des avant-postes ennemis.

Passons-les successivement et rapidement en revue :

Parmi ces moyens, l'un qui n'avait rien de scientifique et pour lequel il n'était besoin que d'un peu d'aplomb, d'agilité et de savoir-faire, fut d'abord mis en œuvre sur une assez vaste échelle ; des escouades de femmes, d'enfants de divers âges, d'hommes en paletots, en blouses, déguisés en mendiants, essayèrent de franchir les lignes prussiennes, emportant des dépêches dissimulées dans des cigares, dans un nœud de cravate ou dans un pli quelconque du vêtement. Ce procédé capable, on le voit, d'une médiocre extension, réussit quelque fois, mais le blocus devint bientôt assez sérieux et la méfiance des vedettes assez redoutable, pour que l'issue de pareilles entreprises fût plus que douteuse.

Un autre moyen, dont le succès semblait assuré d'avance, et qui, en effet, pouvait donner lieu à de sérieux résultats, reposait dans l'emploi d'un câble renfermé au fond du lit de la Seine et qui, partant de l'intérieur de Paris, permettait de transmettre les signaux électriques à une ville située sur le littoral, ou réciproquement, ville assez éloignée pour être à l'abri de toute investigation de la part des ennemis. Comment ce procédé a-t-il échoué, c'est ce qui a été diversement interprété ; la trahison, — mot dont on a étrangement abusé pendant cette triste période, et que, pour ma part, je n'applique qu'à certains actes inouïs dans notre histoire, sujets d'indignation et de mépris pour tous les cœurs français, — la trahison, dis-je, aurait été la cause de l'échec du procédé, mais elle viendrait ici d'étrangers. Des Allemands employés aux travaux de l'immersion du câble en auraient livré le secret à leurs compatriotes, et auraient par là même privé notre pays d'un moyen de communication dont la réussite paraissait à tous immanquable.

On a essayé de livrer aux caprices du courant du fleuve des flotteurs de liége, des bouchons, renfermant des dépêches chiffrées et abrégées. Ici encore la vigilance de nos ennemis a tout déjoué : des filets tendus en travers du lit de la Seine, ont arrêté au passage ces aventureuses et précieuses nacelles.

Quelques personnes fondèrent de très-grandes espérances sur l'emploi de la télégraphie lumineuse ; de nombreux essais furent faits dans ce sens. Des postes d'observation, établis sur les hauteurs de Montmartre, devaient se trouver en communication avec d'autres observateurs installés à des distances de 50 à 100 kilomètres ; les lumières mises en jeu auraient été celles de Drummond, la flamme du magnésium, l'électricité ; et cela sans que la lumière pût être vue de côté hors du trajet des rayons. Mais pour le succès, une condition demeurait indispensable ; c'est que le cercle d'investissement restât assez restreint pour que les postes établis en province ne pussent être inquiétés par l'ennemi ; or, chacun sait comment, avec cette promptitude qui déconcertait tout, les Prussiens ont lancé leurs uhlans, aujourd'hui légendaires en France, à 25 et même 50 lieues, c'est-à-dire à 100 ou 200 kilomètres, au delà des ouvrages avancés construits par eux autour de Paris.

La seule planche de salut, pour tirer la capitale de cette exceptionnelle et navrante solitude, restait dans l'emploi des aérostats.

VI. Depuis cent ans bientôt que date l'importante découverte des ballons, peu de progrès ont été réalisés relativement à ces appareils. A la surprise, à l'admiration, aux espérances qui accompagnèrent et leur primitive construction et les premiers voyages entrepris à leur aide, a succédé pendant longtemps un calme, une indifférence même, dont aucune autre invention n'a peut-être donné l'exemple dans l'histoire de la science. Les aérostats semblaient appeler à régénérer la physique, en lui ouvrant des moyens d'expérimentation d'une portée toute nouvelle ; cependant ils n'ont guère servi qu'à satisfaire dans les fêtes publiques une vaine curiosité. Les résultats qu'ont retirés de leur emploi les différentes branches de la physique et de la météorologie n'ont qu'une valeur relativement secondaire ; la possibilité de s'élever dans les airs et d'y séjourner quelque temps, certains faits d'une importance médiocre ajoutés à l'histoire de notre globe, quelques moyens nouveaux d'expérimentation offerts aux physiciens, l'espérance lointaine et d'ailleurs très-vivement contestée d'arriver un jour à la direction des ballons, voilà tout ce qu'a produit, sous le rapport scientifique, une découverte qui semblait, à ses débuts, si riche en promesses.

Tout autre est l'opinion qu'on doit en avoir aujourd'hui. L'usage des ballons dans la dernière guerre, lors du siége de Paris, a tenu une si grande place dans les préoccupations du public, leur rôle a présenté quelque chose de si grand, de si noble, de si hardi, a offert des traits si bien en rapport avec l'audace et la fiévreuse activité de quelques-uns de ceux qui en ont fait usage, que vous n'accueillerez peut-être pas sans intérêt ce qui se rapporte à ce gigantesque et original mode de transport.

Ici, il ne s'agissait plus seulement, comme en 1794 lors de la célèbre bataille de Fleurus, d'aérostats captifs pour surprendre les mouvements de l'ennemi, ou pour observer ses moyens de défense. Il fallait faire quelque chose de plus : partir de Paris à un moment donné, franchir les lignes prussiennes à une hauteur assez grande pour n'avoir rien à craindre des projectiles à longue portée, enfin mettre pied à terre en un point de la France non occupé par l'ennemi. — Le problème fut, on peut le dire, complétement résolu ; l'entreprise eut un plein succès.

Personne n'oubliera ces voyages hérissés de mille difficultés et de mille périls exécutés par Gambetta, Kératry.... sous l'habile direction de nos plus intrépides aéronautes, qui tous rivalisèrent de zèle, d'activité et de dévouement pour mettre leur expérience au service du Gouvernement de la défense nationale.

Une compagnie d'aérostiers fut donc formée et, chaque semaine, un aérostat rempli dans la gare d'Orléans, et poussé par les vents du Nord qui régnèrent presque constamment cet hiver, se dirigeait en province, emportant avec lui, lettres et journaux (1).

VII. *Poste aéro-micro-photographique.* — Après quel-

(1) Pour rester dans le vrai, nous devons dire cependant que les ballons ne parvinrent pas tous à une heureuse destination. L'un, après avoir franchi la Belgique, la Hollande, le Danemark, alla échouer en Norwége, mais sans mal pour les voyageurs. Un autre vint se perdre dans l'océan, non loin de la Rochelle; les aéronautes périrent et leurs cadavres, rejetés par les vagues, furent retrouvés sur la côte il y a quelques mois. Enfin, deux ou trois aérostats tombèrent au milieu des camps prussiens et demeurèrent, personnes et biens, au pouvoir de l'ennemi.

ques vaines tentatives aérostatiques, faites pour rentrer dans Paris, il fut malheureusement facile de se convaincre que, eu égard à l'état exceptionnel où se trouvaient cette ville et la France, pendant les quatre mois et demi qu'a duré le siége, le seul moyen qu'il fût possible d'employer pour l'envoi des dépêches au sein de la capitale était le pigeon dit *voyageur*, espèce non moins remarquable par son vol léger et rapide que par la singulière et merveilleuse faculté qu'elle possède de retrouver à des distances immenses le colombier où elle est née, ou celui dans lequel elle a laissé sa progéniture. Transportés dans des cages bien fermées à une distance de plus de cent lieues de leur demeure, ces volatiles, subitement abandonnés à eux-mêmes, s'élèvent très-haut, souvent tournent deux ou trois fois sur eux-mêmes, ou battent des ailes à la manière des oiseaux de proie, puis, sans montrer d'incertitude sur la route qu'ils ont à suivre, retournent en quelques heures à leur station de départ.

Les dépêches,pour être portées par un pigeon, vu leur nombre excessif, devaient être réduites à un volume et à un poids infiniment petits; or, dans ces conditions, la seule solution possible ne pouvait évidemment être donnée que par la photographie microscopique.

Cette idée, comme toutes les idées heureuses, a surgi dans beaucoup d'esprits à la fois. Celui qui semble s'en être préoccupé le premier sérieusement est M. d'Alméida, professeur de physique au lycée Henri IV.

Mais c'est entre les mains de M. Dagron, habile photographe de Paris, que ces projets ou ces essais passèrent de la théorie à la pratique, et cela sur une échelle considérable. Voulez-vous savoir immédiatement dans quelles proportions ou à quelle surface, on a pu réduire l'impression photo-microscopique d'une page entière du *Journal officiel*, je vous dirai : à moins d'un millimètre carré ! autrement dit à un point presque invisible, à une étendue de la grosseur d'une patte de mouche environ.

Après avoir réalisé la réduction microscopique, demeurée jusque-là à l'état de curiosité scientifique, M. Dagron entra en relation avec M. Rampon, directeur général des postes, un traité fut signé et quelques jours après (fin d'octobre), l'inventeur, accompagné de M. Johannès Poissot, artiste peintre, de M. Fernique, ingénieur des arts et manufactures, partait de la gare d'Orléans, dans un ballon Godart, emportant avec lui la collection des appareils nécessaires au succès de l'entreprise, ainsi que plusieurs cages remplies des messagers aériens qui devaient assurer l'entrée des dépêches dans Paris.

Après avoir pris terre, les voyageurs furent indécis sur le lieu où ils iraient s'établir. Ce devait être d'abord Clermont-Ferrand ; puis en raison de la centralisation des services départementaux à Tours, on s'arrêta à cette dernière ville. C'est là que chaque particulier devait adresser sa dépêche, soit par la poste, soit par le télégraphe. Le prix de transmission de la province pour Paris était fixé à un franc par mot, avec une limite de lettres et de mots que personne ne pouvait dépasser.

D'après le traité échangé avec l'administration des postes, M. Dagron devait reproduire chaque jour, par impression photographique, dix mille dépêches de quinze à vingt mots chacune ; on y parvenait de la manière suivante :

Divisées par groupes de cinquante, ces dépêches étaient d'abord imprimées typographiquement de manière à former deux cents pages collées sur des cartons. Ces deux cents pages, à l'aide d'un procédé au collodion sec, étaient réduites chacune à un point de moins d'un millimètre carré, à peine visible, sur une pellicule de collodion transparent, qui lui servait de support. Voici donc les dix-mille dépêches ramenées à deux cents points d'un millimètre carré. Que restait-il à faire? coller ou reporter ces deux cents points sur une nouvelle pellicule de collodion qui jouissait de la propriété de ne point se recoquiller et de revenir à une surface plane après avoir été roulée en cylindre. A la rigueur, cette feuille pouvait n'avoir que deux cents millimètres carrés de surface, mais pour rendre moins long et plus facile le collage ou le report des points, on lui donnait deux centimètres de côté, 400 millimètres carrés, autrement dit un peu plus que le diamètre d'une pièce de cinquante centimes; et comme elle était infiniment mince, elle ne pesait rien ou presque rien, un souffle l'emportait, l'air la soutenait assi facilement qu'il enlève une graine de salsifis ou de pissenlit. Enfin roulée en cylindre, elle avait à peu près la grosseur d'une plume d'oiseau et présentait toute facilité pour être logée imperceptible sous la queue, l'aile ou le cou du pigeon.

Si au lieu d'un seul pigeon on voulait en expédier dix... vingt... pour être sûr qu'un, au moins, reviendrait au colombier, il suffisait de tirer un nombre équivalent d'épreuves, de les disposer de la même manière que la précédente, et de livrer chacune d'elles au messager aérien qui devait en opérer le transport.

C'est grâce à ce tour de force incomparable d'un art éminemment français,et dont les principes sont empruntés au domaine de la physique seule, que dix mille dépêches ont pu franchir presque chaque jour, pendant plus de deux mois, l'enceinte assiégée de Paris, et par là calmer les angoisses de tant de familles séparées.

Restait à résoudre le problème inverse : lire et transcrire les dépêches à leur arrivée, de telle sorte qu'elles pussent être envoyées à leur adresse. En un mot défaire l'œuvre microscopique, séparer ce qu'elle avait uni et presque confondu, étaler et remettre en pages les deux cents séries de cinquante dépêches chacune, qu'elle avait réduites à deux cents points. — C'était là un simple travail mécanique qu'il était aisé à l'administration des postes de faire faire dans un atelier convenablement organisé. On pouvait y arriver, soit par la lecture directe au microscope ordinaire, et la dictée à un nombre suffisant de transcripteurs, soit en projetant au microscope électrique ces images infiniment petites sur un écran et les ramenant à une grandeur telle que cinquante scribes pouvaient les copier à la fois (1).

Ce mode de transport a encore été le plus efficace, et cependant, malgré le zèle et l'activité déployés par le directeur des postes dans l'organisation de la nouvelle correspondance, malgré toutes les ressources que la sience a

(1) Ici, le professeur réalise l'expérience sous les yeux des auditeurs ; plusieurs photographies microscopiques, groupes de personnages, pages d'impression, toutes invisibles à l'œil nu, sont projetées sur un écran et sont rendues apparentes pour tous les points de la salle.

mises au service de l'administration, malgré les vœux d'une population possédée d'une ardeur passionnée et anxieuse, les résultats ont été souvent infructueux. Sur 363 pigeons emportés en ballons et lancés sur Paris, il n'en est rentré que 57, savoir : 4 en septembre, 17 en novembre, 12 en décembre, 3 en janvier, 3 en février. C'est peu en apparence ; et cependant, c'est beaucoup en réalité, attendu que les pigeons n'avaient nullement été préparés ou excercés pour le retour.

Réduction des dépêches pour ballon.—Indépendamment de cette application de la photographie pour le transport par pigeon, la poste par ballon a encore emprunté à la même industrie le secours de ses promptes et délicates méthodes. MM. Dujardin frères ont créé un nouvel art consistant dans la réduction photographique des journaux pour alléger le transport par les ballons-postes. D'abord on faisait un cliché photographique, réduit, de la feuille à reproduire ; puis à son aide, une plaque de cuivre était mordue et préparée pour l'impression en taille douce. Quatre exemplaires de cette impression étaient ensuite décalqués sur pierre lithographique. Ces diverses opérations terminées, on procédait au tirage définitif à l'aide de la presse à vapeur. Le tout était conduit avec une telle intelligence et une telle promptitude, qu'au bout de quelques heures, 2,000 exemplaires d'un journal pouvaient être préparés, rognés, et emballés.

VIII. Après le sentiment moral et religieux qui, — je le dis en toute sincérité, en toute conviction, les événements du jour ne le prouvent que trop, — doit être la base première et la condition essentielle de la stabilité et du progrès des sociétés,le seul moyen de relever la France de ses ruines, c'est le travail,la science et l'instruction.

Par le travail, l'enfant se prépare, le jeune homme s'habitue aux labeurs et aux difficultés de la vie ; par le travail, l'homme qui vit du pain de l'intelligence, aussi bien que celui qui tire sa nourriture des efforts de ses mains, se préserve des dangereux écarts où mène infailliblement l'osiveté ; et si, par le travail, le bonheur et l'aisance se maintiennent au foyer domestique, c'est par le travail aussi que notre chère et malheureuse patrie pourra reprendre sa prospérité et cette richesse publique qui, en la ressuscitant, l'affranchira de l'affreuse contribution de guerre dont le résultat, autrement, serait d'absorber et d'épuiser ses ressources pendant de trop longues années.

Si je ne craignais de vous effrayer par des chiffres, je vous diraisqu'on n'évalue pas à moins de 31 milliards, en y comprenant les provinces enlevées, avec leurs habitants, la perte totale causée par la guerre ! C'est énorme, c'est affreux ! A elle seule la rançon de guerre de 5 milliards équivaut au produit total annuel de l'agriculture française ! C'est tout particulièrement le paysan, le *Rural* qui a souffert des dévastations de la guerre et du pillage de l'ennemi ! Il reconnaît et expie aujourd'hui l'illusion dans laquelle l'ont plongé les hommes qui, durant vingt ans, ont abusé de sa bonne foi et de son amour de l'ordre.

Donc, nous ne saurions trop favoriser les campagnes, c'est-à-dire dans la mesure où nous le pouvons, et où nous le devons,nous hommes de science,chercher à y introduire des procédés plus rationnels, à régénérer la culture, en apprenant à produire beaucoup, promptement et avec bénéfices; telle est l'œuvre à laquelle s'est dévoué surtout l'un de nos éminents collègues dont l'enseignement théorique et pratique à la fois, a été si bien apprécié dans notre Faculté (1). — Sans doute l'industrie est appelée à nous fournir un sérieux contingent, mais c'est par le jardin ou par le champ de production que le bien-être renaîtra au sein de nos populations si écrasées et si appauvries aujourd'hui.

La science offre des ressources incalculables, dont je ne saurais mieux vous donner une idée qu'en vous rappelant que les découvertes de M. Pasteur, dans les deux grandes industries du vin et du vinaigre, permettent d'épargner ou d'acquérir un capital suffisant à lui seul pour couvrir les pertes en argent, ou en nature, causées dans ces deux industries par l'effroyable guerre de cette année, et se traduisant par quelques centaines de millions.

Avant les recherches du même savant, on soutenait les opinions les plus diverses et les plus contradictoires sur la nature contagieuse de la maladie des vers-à-soie; les uns l'affirmaient avec force, d'autres la niaient avec une invincible énergie. Mais ils s'accordaient tous sur un point. Ils croyaient à l'existence d'un milieu délétère, rendu épidémique par quelque influence occulte et mystérieuse, à laquelle était attribuée la cause de la maladie.

M. Pasteur se mit à l'œuvre et par une lutte laborieuse sut convertir en éléments de perfectionnements et de

(1) M. le docteur L. Grandeau, professeur de chimie agricole à la Faculté des sciences.

progrès, les objections sans nombre qui lui furent opposées. Il put une dernière fois prouver la puérilité de la doctrine des générations spontanées, en montrant la possibilité de faire disparaître de la surface du globe les maladies parasitaires, et en particulier celle des vers-à-soie.

Mais pour savoir se servir et profiter de ces moyens que la science met si largement à la disposition de tous, il faut un enseignement basé sur de bonnes méthodes et à la portée du plus grand nombre ; aussi, Messieurs, jamais nous n'avons eu un plus grand besoin, nous autres professeurs, de votre concours sympathique.

Il nous faut créer des centres d'instruction puissamment organisés ; il faut mettre vigoureusement en application ces principes de décentralisation sur lesquels on a longuement et vaguement discouru sans voir jamais rien aboutir. Il faut que nous nous habituions à nous passer de Paris et que nous puissions le faire sans contrainte et sans trouble. Combien tous depuis de longs mois n'avons-nous pas souffert des résultats de cette manie centralisatrice appliquée sans bornes et sans mesure à chaque branche d'administration ; et, pour ne parler que des choses de l'intelligence, quel douloureux contre-coup n'aura pas eu l'investissement de Paris, éclipse totale qui a séparé cette ville du reste de la France et du monde, qui nous a privés des communications scientifiques auxquelles nous étions habitués sur la mécanique, la physique, la chimie, et tous les genres possibles de spécialité.

Il faut qu'en province chaque centre d'enseignement prenne une vie propre, se groupe et devienne une Université dans toute l'acception du mot. Là viendront converger les idées, là se trouveront des moyens de publication que Paris seul, jusqu'à ce jour, offrait aux hommes studieux, là se trouveront enseignées toutes les branches diverses du savoir humain, et, de ce frottement des intelligences, de ce conflit d'opinions, naîtra une impulsion nouvelle, destinée à donner à nos provinces plus de vie et plus d'éclat.

Cette centralisation appliquée à l'Université, il y a près de trois-quarts de siècle, a été, de l'avis des hommes compétents, une des causes de l'abaissement de l'enseignement supérieur en France. Tous les établissements soumis au même régime, aux mêmes programmes, recevant l'impulsion d'un centre commun, finissent par s'endormir dans une lourde apathie. Le système est tout autre en Angleterre et en Allemagne. Les Universités ont chacune une existence propre ; elles ont leur autonomie ; elles prospèrent..., les villes s'intéressent à leur Université et en suivent avec amour les progrès, chacun y met du sien ; maîtres, élèves, habitants, ne font qu'une même famille ; aussi n'en déplaise aux novateurs contemporains, tout ce qui précède 89 n'est pas à blâmer ni à rejeter et, aujourd'hui, l'avis de tous les hommes vraiment libéraux est-il que les Universités provinciales doivent recouvrer l'initiative et l'indépendance qu'elles possédaient avant la Révolution.

En attendant, et pour mon compte, Messieurs, je reprends aujourd'hui et je continuerai, tant que Dieu m'en donnera la force et les moyens, cet enseignement dont depuis seize ans bientôt, et cela sans attendre le mot d'ordre d'un régime heureusement disparu, nous nous sommes faits, mes collègues et moi, les apôtres dans cette Faculté (1). Cet enseignement, nous le poursuivrons sans relâche et nous ferons appel pour cela à toutes les intelligences, — aux jeunes gens qui désirent compléter les connaissances trop légèrement acquises sur les bancs du collége, — aux hommes du monde et de l'âge mûr qui voudront éviter le danger d'oublier, — aux ouvriers d'une profession spéciale, aux chefs d'ateliers, aux contre-maîtres de nos grandes usines, à cette population intelligente si désireuse de connaître et de comprendre les applications de la science à l'industrie et aux arts, — à vous surtout, braves étudiants de nos diverses Ecoles qui, après vous être retrempés dans la vie des camps et après avoir noblement payé votre dette à la Patrie, revenez des divers points de notre belle province académique, aujourd'hui amoindrie et mutilée, mais plus unie et plus française que jamais, reprendre les bancs de l'étude et continuer les traditions de vos aînés.

Enfin, mes vœux seront remplis, Messieurs, si cet enseignement rajeuni et revivifié par le désir que nous avons tous de guérir les plaies encore saignantes de notre chère et malheureuse patrie, est le point de départ d'une généra-

(1) Les cours, dits *du soir*, furent organisés pour la première fois à la Faculté des sciences de Nancy, en 1855, par MM. Faye, Godron, Nicklès et Chautard, professeurs à cette époque, et se sont continués depuis sans interruption.

A l'occasion de ces cours, M. F. Ehrmann, préparateur de physique à la Faculté des sciences, a obtenu en 1870, sur ma proposition, une médaille d'argent de la part de l'Association scientifique de France.

tion nouvelle de disciples de l'instruction, de la science et du travail, qui iront porter partout le progrès moral et religieux par l'accroissement incessant du *vrai*, du *bon* et du *beau*.

Nancy, impr. de Sordoillet et Fils, rue du Faubourg Stanislas, 3,

www.ingramcontent.com/pod-product-compliance
Ingram Content Group UK Ltd.
Pitfield, Milton Keynes, MK11 3LW, UK
UKHW021039220726
13924UKWH00001B/409

9 782019 658090